Impressum

Mit Lenja im Schildkrötengarten
Dein Kinder-Ratgeber zur Haltung Europäischer Landschildkröten
1. Auflage 2026

Kleintierverlag Thorsten Geier
Biebertal 2026
ISBN 978-3-944484-39-6

Fotos und Illustrationen: Torsten Kiefer

Fachverlag für naturnahe Tierhaltung
Postfach 11 11
35441 Biebertal
Telefon: +49 (0)6409 6619485
E-Mail: info@kleintierverlag.de
Internet: www.kleintierverlag.de

Umschlag und Buchgestaltung: Torsten Kiefer
Druck: L&W Druck GbR, Bad Endbach

Torsten Kiefer

Mit Lenja im Schildkrötengarten

Dein Kinder-Ratgeber zur Haltung Europäischer Landschildkröten

THORSTEN GEIER
kleintierverlag.de
Fachverlag für naturnahe Tierhaltung

Inhalt

Vorwort

Hallo, liebe kleine Schildkröten-Entdeckerin,
lieber kleiner Schildkröten-Entdecker!

Ich bin Lenja, eine junge Griechische Landschildkröte. Vielleicht kennst du ja Tiere wie mich schon aus dem Zoo, im Tierpark, oder du hast Schildkröten zu Hause? Manche nennen mich auch eine „*Testudo hermanni boettgeri*" – ganz schön kompliziert, oder? Zum Glück muss ich mir keinen langen Namen merken, denn ich entdecke lieber die große, bunte Welt draußen im Garten!

Gemeinsam mit dir möchte ich durch mein erstes aufregendes Lebensjahr wandern und jeden Tag ein neues Abenteuer erleben. Im Frühling bin ich noch ganz verschlafen. Im Sommer liebe ich die Sonne. Wenn der Herbst kommt, fange ich an mich auf meinen ganz besonderen Winterschlaf vorzubereiten.
Du lernst, wie ich am liebsten lebe, was mir schmeckt, warum mein Panzer so wichtig ist und was meine Schildkrötenfreunde und ich brauchen, um richtig glücklich und gesund zu bleiben.

Du findest in diesem Buch viele Tipps, spannende Infos und bunte „Wusstest-du-schon?"-Boxen – so wirst du selbst zum Schildkröten-Forscher!
Vielleicht bekommst du danach ja Lust, auch für deine Schildkröte ein naturnahes Freigehege zu bauen? Oder du willst wissen, ob man Schildkröten eigentlich streicheln darf?
All das und noch viel mehr wartet auf dich auf den nächsten Seiten.

Ich wünsche dir ganz viel Spaß beim Entdecken – und vielleicht sehen wir uns ja einmal auf einer Kräuterwiese im Sommer!

Deine Lenja 🐢

1. Wer bin ich? Meine Familie und ich

Ich freue mich, dass du mich auf meiner Entdeckungsreise begleitest! Ich bin eine junge Griechische Landschildkröte und habe eine große, spannende Familie. Wir gehören zu den Europäischen Landschildkröten. Unsere Wurzeln reichen zurück bis in sonnige Länder, in denen das Wetter oft warm und angenehm ist.

Eine Griechische Landschildkröte in ihrem natürlichen Lebensraum in Griechenland

Vielleicht hast du schon von einigen unserer Wohnorte gehört: Einige Griechische Landschildkröten leben in Griechenland, andere auf den wunderschönen Inseln Mallorca und Sardinien oder sogar im fernen Bulgarien. Dort wachsen viele wilde Kräuter und Blumen zum Naschen, die Sonne scheint oft und zwischen Steinen, Büschen oder auf sandigen Wegen gibt es jede Menge Verstecke. Am liebsten schlendere ich durch hohes Gras oder ruhe mich unter einem Busch aus, damit mir nicht zu heiß wird.

In unserer großen Schildkrötenfamilie gibt es verschiedene Arten. Da sind zum Beispiel:
- Griechische Landschildkröte (*Testudo hermanni*; so wie ich!)
- Breitrandschildkröte (*Testudo marginata*)
- Maurische Landschildkröte (*Testudo graeca ibera*)

Griechische Landschildkröte auf Mallorca

Breitrandschildkröte in Griechenland

Maurische Landschildkröte auf Sardinien

Jede Schildkröte hat eine eigene Lieblingslandschaft. Einige von uns wohnen in dichten Wäldern, andere lieber auf trockenen Wiesen oder auf Felsen. Und stell dir vor: Manche von uns werden richtig alt – über 100 Jahre! Vielleicht begleitet eine Schildkröte dich sogar dein ganzes Leben lang. Das ist etwas ganz Besonderes.

Eine Breitrandschildkröte auf der wunderschönen Insel Sardinien

Mein Panzer ist nicht nur hübsch gemustert, sondern auch mein bester Schutz. Er ist wie eine kleine Festung, in die ich blitzschnell Arme, Beine und meinen Kopf einziehen kann, wenn ich mich erschrecke. Jede Schildkröte hat ihr eigenes Muster auf dem Panzer – wie dein eigener Fingerabdruck!

Wusstest du schon?

Schildkröten gibt es auf unserer Erde schon seit etwa 200 Millionen Jahren – also viel, viel länger als Menschen! Und auch wenn wir nicht sehr schnell rennen können, sind wir ziemlich schlaue und neugierige Entdecker: Ich strecke meinen Kopf ganz weit heraus und schnuppere neugierig an neuen Dingen.

2. Wo leben wir gerne? – Das perfekte Zuhause

Stell dir vor, du hast einen riesigen Abenteuerspielplatz direkt vor deiner Haustür – voller Verstecke, leckerer Pflanzen und spannender Wege. Genau das ist für mich und meine Schildkrötenfreunde das Größte! Wir lieben ein naturnahes Freigehege, also ein Stück Garten, das für uns wie eine kleine, eigene Schildkröten-Wildnis angelegt ist.

Eine Griechische Landschildkröte in ihrem naturnahen Schildkrötengehege

Wenn ich morgens aufwache und blinzelnd die Sonne begrüße, freue ich mich, dass mein Zuhause draußen im Garten liegt. Nach dem Aufstehen spaziere ich zuerst zu meinem Lieblingsstein, der schon von der Sonne vorgewärmt ist. So tanke ich Energie für den Tag. Wir Schildkröten brauchen die Wärme, um richtig munter zu werden.

Aber wenn es später heiß wird, brauche ich schattige Plätze, in denen ich mich verstecken und ausruhen kann. Hohe Kräuter, große Blätter und dichte Büsche sind perfekte Rückzugsorte. Ich liebe es, immer neue Wege zu entdecken: Ich klettere über Erdhügel, schleiche durch das hohe Gras und grabe manchmal sogar kleine Mulden in die Erde. Dort setze ich mich gerne hinein – wie in eine selbstgemachte, kuschelige Mulde.

Viele Versteckpflanzen wachsen im Gehege und bieten tollen Schutz

Am Ende eines aufregenden Tages freue ich mich auf mein sicheres und gemütliches Schlafhaus. Ein kleines Holzhäuschen oder – noch besser – ein gut gebautes Frühbeet ist der perfekte Platz zum Schlafen.

Das ist ein tolles und stabiles Frühbeet

Besonders wichtig ist es, dass im Frühbeet die Temperatur für mich optimal ist. Hier helfen Wärmelampen und eine Zeitschaltuhr. Die Lampen sorgen dafür, dass es morgens und an kühleren Tagen schön warm wird. Die Zeitschaltuhr schaltet sie genau zum richtigen Zeitpunkt ein und aus. So kann ich mich immer auf einen angenehmen und sicheren Rückzugsort verlassen, auch wenn das Wetter plötzlich umschlägt.

Frühbeet von innen:
Mit Wärmelampe und Thermozeitschaltuhr

Das Tollste ist, dass überall in meinem Gehege leckere Pflanzen wachsen. Knackige Blätter, bunte Blüten und duftende Kräuter sorgen dafür, dass mir nie langweilig wird und ich immer etwas Gesundes zu knabbern finde.

Strukturieren macht Spaß – und hält gesund!

Damit unser Gehege richtig spannend, abenteuerlich und sicher ist, muss es gut strukturiert sein. Willst du wissen, was das bedeutet?

Im Gehege liegen nicht nur ein paar Steine herum – die Steine werden so verteilt, dass ich klettern kann und kleine Unterschlüpfe finde. Dicke Äste oder Holzstücke machen tolle Schattenplätze. Rund um die Pflanzen kann ich mich verstecken oder kleine „Geheimgänge" anlegen.

Steine werden sehr gerne zur Thermoregulierung morgens aufgesucht

Ein strukturiertes Gehege mit großen Steinen und Gehegepflanzen

In der Mittagszeit werden gerne schattige Stellen gesucht

Platz zum Glücklichsein: Wie groß soll ein Gehege sein?

Je mehr Platz ich habe, desto besser! Für kleine Schildkröten wie mich reicht am Anfang ein Gehege von etwa 2 Quadratmetern. Das ist in etwa so groß wie dein Schreibtisch.

Aber wenn wir größer werden oder zu mehreren sind, brauchen wir auf jeden Fall mehr Raum – mindestens 10 bis 20 Quadratmeter pro ausgewachsener Schildkröte sollten es sein. Das ist in etwa so groß wie dein Wohnzimmer. Wir sind sehr neugierig und brauchen Abwechslung und Bewegung, um glücklich zu sein.

Ein Schildkrötengehege für Schlüpflinge mit ca. 2,5 qm Fläche (inkl. Frühbeet)

Die besten Gehegepflanzen für neugierige Schildkröten

Ein richtig schönes Schildkrötengehege ist nicht nur ein Abenteuerplatz, sondern auch ein echtes Pflanzenparadies.

Viele Sträucher, Kräuter und Blumen sorgen dafür, dass wir Schildkröten immer Verstecke, Schatten und leckeres Futter entdecken können. Besonders gut geeignet und auch in der Natur weit verbreitet, sind zum Beispiel diese Pflanzen:

Fingerstrauch (*Potentilla*)

Weigelie (*Weigela*)

Echter Lavendel (*Lavendula angustifolia*)

Echter Thymian (*Thymus vulgaris*)

Außerdem fühlen wir uns in Gehegen wohl, in denen auch weitere Pflanzen wachsen. Nachtkerze, Königskerze, Wilde Malve, Sonnenhut, Zwergkiefer, verschiedene Distelarten, Minze oder Funkien.
Alle Pflanzen machen das Gehege abwechslungsreich, bieten Schutz, Verstecke und leckere Knabbereien für jeden Tag.

Ein Lebensraum für Breitrandschildkröten auf der wunderschönen Insel Sardinien mit ganz vielen Versteckpflanzen

Mit vielen verschiedenen Pflanzen wird unsere Schildkrötenwelt jeden Tag spannend und gesund – und je schöner und natürlicher unser Gehege ist, desto wohler fühlen wir uns!

Schutz und Abenteuer: Gehegearten und Sicherung

Manche Schildkröten wohnen in einem offenen Gehege, andere in einem Gehege mit Frühbeet. Ein Frühbeet ist wie ein kleines, warmes Gewächshaus – es sorgt dafür, dass wir schon am Morgen richtig aktiv werden können und schützt uns bei kaltem Wetter. Aber ganz egal, wie das Gehege aussieht: Es ist sehr wichtig, dass es sicher ist. Ein stabiler Zaun mit einer Höhe von 30–40 Zentimetern und einer Tiefe im Boden, damit wir nicht darunter her buddeln können, ist ein Muss. Außerdem sollte ein Netz über das Gehege gespannt werden, damit uns keine Vögel, Katzen oder andere Tiere besuchen oder uns verletzen.

Pflanzsteine als sichere Gehegeumrandung

Große Steine, dicke Äste, verschiedene Holzstücke und viele verschiedene Pflanzen machen das Gehege spannend und sicher. Wir Schildkröten buddeln, schieben Steine umher und bauen sogar kleine Höhlen – das macht uns glücklich!

Steine im Gehege sind auch sehr gut als Wärmeplatz geeignet

Auch verschiedene Holzstücke machen ein Gehege interessanter

Wusstest du schon?

Schildkröten sind kleine „Architekten“: Wir kneten die Erde zu Mulden, schieben Steine an unsere Lieblingsplätze und bauen uns Schlafhöhlen ganz nach unserem Geschmack. In einem abwechslungsreich bepflanzten Gehege erleben wir jeden Tag ein neues Abenteuer. Mit jedem Busch, Stein oder Holzstück wird unser Gehege noch schöner, spannender und gemütlicher. Probiere einfach aus, was deiner Schildkröte besonders gefällt!

3. Frühlingserwachen – Mein Start ins Jahr

Stell dir vor, draußen zwitschern plötzlich wieder die Vögel und überall im Garten werden die ersten grünen Spitzen zarter Pflänzchen sichtbar. Für mich und meine Schildkrötenfreunde ist das der Moment, auf den wir den ganzen Winter gewartet haben! Nach der langen Winterstarre, in der ich tief und fest geschlafen habe, beginnt nun endlich der Frühling – und mit ihm mein neues Schildkrötenjahr.

Schildkrötengehege im Frühjahr

Noch etwas verschlafen, aber schon im Gehege unterwegs

Meistens ist es bei uns etwa im März soweit. Langsam werde ich im Frühbeet wieder wach. Die Erde ist noch ein bisschen kühl, aber jeden Tag kommt mehr Licht und es wird ein kleines bisschen wärmer. Ich recke und strecke meine Beine, blinzele vorsichtig mit den Augen und schaue neugierig aus meinem Schlafplatz.

Unsere Susi direkt nach der Winterstarre

Nach so viel Ruhe und Stille im Winter merke ich, wie hungrig und durstig ich bin. Im Frühling habe ich großen Durst, deshalb trinke ich gerne sofort ein paar Schlucke frisches Wasser. Anschließend darf ein kleines Sonnenbad auf meinem Lieblingsstein nicht fehlen! Das fühlt sich wunderbar an und bringt mich richtig auf Touren.

Von Kühlschrank zu Natur:
Die beste Art zu überwintern

Weißt du was? Manche Schildkröteneltern lassen ihre Tiere im Winter in einem Kühlschrank überwintern. Das klingt vielleicht erst mal ganz komisch, aber ist tatsächlich in Ordnung und die Schildkröten haben das gut überstanden. Im Kühlschrank blieb es konstant kühl – genau richtig für unsere lange Winterstarre.

Es ist auch sehr gut für uns Schildkröten, wenn wir draußen im geschützten Frühbeet überwintern dürfen. Denn dort merken wir ganz von alleine, wann es Zeit ist, wieder aufzuwachen. Im Frühbeet merken wir, wenn die Sonne stärker scheint und die Erde langsam wärmer wird. So können wir selbst entscheiden, wann wir aus der Winterstarre kommen – ganz wie in der Natur!

Frühbeet und Wärmelampe: Warum Technik so wichtig ist

Aber weil es bei uns in Deutschland im Frühling oft noch ziemlich kalt ist – ganz anders als in den warmen Ländern, in denen unsere Verwandten leben – brauchen wir im Frühbeet unbedingt eine Wärmelampe. Sie macht es dort schön angenehm, selbst wenn draußen noch Frost oder kalter Wind ist.

Die Lampe bringt wohlige Wärme, sodass wir uns aufwärmen und gesund in das neue Jahr starten können. Ohne das Frühbeet und die Technik wäre es für uns Schildkröten im Frühling oft zu kalt, und wir könnten gar nicht richtig in Schwung kommen!

Wärmelampen, besonders im Frühjahr und Herbst, sind ganz wichtig

Winterruhe, Winterschlaf oder Winterstarre? – Was ist bei Schildkröten eigentlich richtig?

Wenn es draußen kalt wird, machen viele Tiere eine Pause, damit sie die kalte, futterarme Zeit gut überstehen. Aber weißt du, dass es dabei verschiedene Arten der Überwinterung gibt? Hier erfährst du, wie sich Winterruhe, Winterschlaf und Winterstarre unterscheiden:

Winterruhe – Das machen zum Beispiel Bären

Bei der Winterruhe ziehen sich Tiere wie Bären, Eichhörnchen oder Dachse in ein warmes Versteck zurück. Sie schlafen viel, aber nicht die ganze Zeit! Zwischendurch wachen sie auf, um sich zu bewegen, Futter zu suchen oder mal auf die Toilette zu gehen. Ihr Körper wird zwar langsamer, aber so richtig im „Tiefschlaf“ sind sie nicht.

Winterschlaf – Das machen Igel und Fledermäuse

Im Winterschlaf sind Tiere wie der Igel, Hamster oder die Fledermaus richtig tief abgetaucht. Ihr Herz schlägt viel langsamer und sie atmen ganz wenig.

Und weißt du was?
Bevor sie in den Winterschlaf gehen, fressen sie sich ganz ordentlich ein dickes Polster an! Sie legen sich Fettreserven an, damit sie davon den ganzen Winter über leben können, ohne nach draußen zu müssen. Im Winterschlaf brauchen diese Tiere also kein Futter, weil ihr Körper das gespeicherte Fett langsam verbraucht.

Winterstarre – Das machen Schildkröten!

Schildkröten und viele andere Kriechtiere machen keine Winterruhe und keinen Winterschlaf, sondern Winterstarre. Sie „erstarren", weil ihr Körper von der kalten Temperatur abhängig ist – sie können sich nämlich nicht selbst aufwärmen wie Säugetiere. Wenn es draußen kalt wird, suchen sich Schildkröten ein frostfreies, geschütztes Versteck im Boden oder im Frühbeet.

Dann bewegen sie sich überhaupt nicht mehr und schlafen so lange, bis es draußen wieder wärmer wird. Während der Winterstarre essen und trinken Schildkröten aber nichts und legen auch keine speziellen Fettreserven dafür an.

Merke dir:

- **Winterruhe:** Tiere schlafen viel, wachen aber immer wieder auf (wie Bären).
- **Winterschlaf:** Tiere schlafen ganz tief und fressen sich vorher Fettreserven an (wie Igel).
- **Winterstarre:** Schildkröten sind wie eingefroren und bewegen sich gar nicht mehr, bis sie im Frühling von alleine wieder wach werden.

Jetzt weißt du genau, welche Unterschiede es gibt – und warum Schildkröten echte Winterstarre-Profis sind!

Abenteuer im Frühlingsgehege

Jetzt beginnt meine Erkundungstour durch das Gehege! Der Boden riecht nach frischem Gras, überall wachsen neue Pflanzen aus der Erde, und manchmal entdecke ich schon die ersten zarten Blüten.
Ich schnuppere hier, knabbere dort und schaue, welches Kraut vielleicht über den Winter gewachsen ist. Besonders lecker finde ich im Frühling junge Löwenzahnblätter, Rainkohl, Ferkelkraut oder saftige Wegerich-Pflänzchen.

Ein reichhaltig gedeckter Tisch im Frühjahr in Griechenland

Für kleine Entdecker wie dich ist der Frühling die beste Zeit, um uns Schildkröten zu beobachten! Vielleicht möchtest du mich beim ersten Sonnenbad besuchen? Wenn du dich leise näherst und in die Hocke gehst, erschrecke ich mich nicht. Du kannst frisches Wasser in mein Gehege stellen und vorsichtig schauen, welche Pflanzen schon wachsen. Manche von uns Schildkröten lassen sich sogar behutsam aus weiter Entfernung begrüßen – aber am liebsten genießen wir nach dem langen Schlaf erst mal in Ruhe die Wärme. Beobachte einfach, wie ich mein Gehege erkunde!

Vergiss nicht, dass ich nach der Winterstarre noch ein bisschen Zeit brauche, um richtig munter zu werden. Setze mich niemals direkt ans helle Licht oder in die pralle Mittagssonne, sondern lass mich selber aus meinem Versteck herauskommen. Habe Geduld – dann wirst du sehen, wie lebendig Schildkröten im Frühling werden!

Trinken und ab und zu ein kleines Bad ist nach der Winterstarre wichtig

Wusstest du schon?

Schildkröten können während der Winterstarre mehrere Monate tief und fest starren, ohne zu essen oder zu trinken!
Viele Schildkröten graben sich nach dem Aufwachen erst einmal langsam aus der Erde – dabei hilft die Morgensonne im Frühbeet oder die Wärmelampe ganz besonders.

4. Frische Kräuter und leckere Blüten – Meine Ernährung

Weißt du, was für mich das Allerbeste am Tag ist? Wenn ich im Gehege unterwegs bin, entdecke ich immer wieder neue, wohlduftende Pflanzen. Ich knabbere vorsichtig ein kleines Stückchen ab und merke gleich: "Oh, das schmeckt lecker!"

Manchmal lasse ich die Pflanze stehen und wandere weiter – schließlich will ich noch ausprobieren, was woanders wächst. Als Schildkröte liebe ich die Abwechslung und probiere am liebsten viele verschiedene frische Kräuter und bunte Blüten. So ist jeder Tag im Gehege wie ein kleines Futter-Abenteuer!

Gesunde Kräuter – mein Lieblingsessen

Im Gehege finde ich besonders viele gesunde Wildkräuter, die meiner Schildkrötenfamilie und mir richtig guttun. Dazu gehören Löwenzahn, Breit- und Spitzwegerich, wilde Malve, Gänseblümchen und verschiedene Kleearten.

Aber auch Nachtkerzen, Disteln, Rainkohl, Ferkelkraut oder Brennnessel (keine Sorge, die pieksen uns nicht!) und sogar Ringelblumen stehen regelmäßig auf meinem Speiseplan.

Es gibt noch mehr schmackhafte Kräuter wie Ackerglockenblume, Knoblauchrauke, Habichtskraut und Wegwarte.

Sie duften toll, sehen hübsch aus und sind außerdem sehr gesund für uns Schildkröten. Mit so vielen verschiedenen Kräutern und Blättern ist unser Gehege ein kunterbuntes Schildkrötenparadies!

Blüten – Süße Leckerbissen für Schildkröten

Blüten sind für uns Schildkröten wie kleine Süßigkeiten: Etwas ganz Besonderes! Vor allem gern mag ich die Blüten von Löwenzahn, Malve und Hibiskus. Auch Mohnblüten und die riesigen Blüten von Stockrosen schmecken mir richtig gut.

Blüten haben tolle Farben, duften oft herrlich und sind das Highlight an vielen Tagen – aber zu viele davon sind auch nicht gut. Deshalb genieße ich sie wie ein Leckerli zwischendurch.

10 beliebte Futterpflanzen

Der Löwenzahn ist eine bekannte Pflanze mit leuchtend gelben Blüten und gezackten Blättern. Er wächst überall auf Wiesen, in Gärten und an Wegrändern und ist bei vielen Schildkröten sehr beliebt.

Die Knoblauchsrauke ist eine Pflanze mit herzförmigen, gezackten Blättern und kleinen weißen Blüten. Sie wächst oft an schattigen Stellen wie Waldrändern und verströmt beim Zerreiben einen leichten Knoblauchduft.

Die Acker-Glockenblume ist eine Pflanze mit violetten, glockenförmigen Blüten und schmalen Blättern. Sie wächst oft an Wegrändern, auf Wiesen und in Feldern.

Die Gänsedistel ist eine stachelige Pflanze mit gelben Blüten, die oft an Straßenrändern, auf Wiesen und in Feldern wächst. Ihre Blätter sind gezähnt und manchmal weich, obwohl sie Dornen haben.

Der Breitwegerich ist eine Pflanze mit breiten, ovalen Blättern, die in einer bodennahen Rosette wachsen. Er kommt häufig auf Wegen, Wiesen und an Straßenrändern vor.

Der Frauenmantel ist eine grüne Pflanze mit weichen, rundlichen Blättern und kleinen, gelbgrünen Blüten. Er wächst häufig auf Wiesen, an Waldrändern und in Gärten

Das Gänseblümchen ist eine kleine Pflanze mit weißen Blütenblättern und einer gelben Mitte. Es wächst das ganze Jahr über auf Wiesen und in Gärten und ist leicht an seinen hübschen, niedrigen Blüten zu erkennen.

Die Nachtkerze ist eine Pflanze mit leuchtend gelben Blüten, die meist abends aufblühen. Sie wächst an Wegrändern, auf Wiesen und in Gärten und fällt besonders durch ihre großen, leuchtenden Blüten auf.

Das Kletten-Labkraut ist eine weiche, grüne Pflanze mit vielen kleinen Haken an Stängeln und Blättern. Sie wächst oft an Wegrändern, in Gärten oder Feldern und bleibt leicht an Kleidung oder Tierfell hängen.

Die Kornblume ist eine leuchtend blaue Blume, die im Sommer auf Feldern und Wiesen wächst. Sie sieht sehr hübsch aus und ist bei Bienen und Schmetterlingen beliebt.

Was ist gesund, was lieber nicht? – Vorsicht bei Obst und Co.

Viele Wildkräuter und Blätter sind für Schildkröten super gesund. Aber es gibt auch Nahrung, die uns überhaupt nicht gut tut. Obst zum Beispiel – das essen viele Kinder gern, aber für mich ist es viel zu süß.

Der Zucker ist nicht gesund für meinen Bauch und kann sogar richtig schaden! Auch Gemüse wie Tomaten, Gurken oder Blattsalat sind nicht das Richtige für Schildkröten. Am besten ist für uns immer eine bunte Mischung aus Kräutern und Blüten direkt aus dem Gehege.

Bitte gib uns Schildkröten niemals Obst wie Erdbeeren, Äpfel oder Bananen. Sie enthalten sehr viel Zucker, und davon können wir krank werden. Genauso ungeeignet sind Hundefutter, Katzenfutter oder Küchenabfälle – so etwas tut unserem kleinen Schildkrötenmagen nicht gut.

Auch Brot, Nudeln oder Fertigfutter aus dem Supermarkt gehören nicht in unser Gehege. Die besten Kräuter wachsen wild draußen oder werden extra für uns angebaut.

Eine Futterwiese mit ganz vielen Wildkräutern

Löwenzahnblüten sind eine willkommene Abwechslung

Eine Breitrandschildkröte umgeben von Wildkräutern auf Sardinien

Wusstest du schon?

Ich, Lenja, liebe Hibiskusblüten ganz besonders, aber mein Freund Max findet Gänseblümchen am leckersten!
Manche Schildkröten sind Feinschmecker und haben eine Lieblingsblüte, wie zum Beispiel die gelbe Nachtkerze. Schildkröten erkennen ihr Lieblingsfutter an der Farbe und am Geruch, fast wie Kinder beim Lieblingsessen.

5. Abenteuer im Sommer – Wenn es warm wird

Wenn die Sonne im Sommer so richtig vom Himmel scheint, beginnt für mich als Schildkröte die abenteuerlichste Zeit im Jahr! Jetzt ist es im Gehege besonders schön, weil alles grün und voller leckerer Pflanzen ist.

Die warme Sonne kitzelt mich morgens schon auf meinem Panzer, und ich genieße meine ersten Sonnenstrahlen an meinem Lieblingsplatz. Doch im Hochsommer kann es manchmal sehr heiß werden – dann zeigt das Thermometer im Gehege schnell über 30 Grad!

Abkühlen, verstecken, sonnenbaden

Weil ich es nicht zu heiß mag, ziehe ich mich in den heißen Mittagsstunden gern zurück. Dann suche ich mir ein schattiges, kühles Plätzchen unter einem großen Busch, zwischen hohen Kräutern oder unter einem dichten Blätterdach. Dort lässt es sich prima aushalten! Oft vergrabe ich mich auch ein bisschen in die lockere Erde ein – das ist wie eine natürliche Klimaanlage für mich.

Viel Spaß machen mir außerdem kleine Klettertouren über Steine und durch das hohe Gras. Und natürlich darf ein sonniges Plätzchen nicht fehlen, denn Sonnenbaden gehört zu meinen Lieblingsbeschäftigungen!

Damit ich mich wohlfühle und nicht überhitze, braucht mein Gehege viele verschiedene Plätze: sonnige Flächen zum Aufwärmen, aber auch genügend Schattenstellen und Verstecke. Eine gute Gehegeplanung ist deshalb sehr wichtig.

Große Pflanzen, kleine Hügel und kleine Häuser im Gehege sorgen für viele Versteckmöglichkeiten. So kann ich selber entscheiden, ob ich lieber im Warmen bin oder mich abkühle.

Eine der Lieblingsversteckpflanzen in unserem Gehege: Der Lavendel

Wasser und Feuchtigkeit im Gehege

An heißen Tagen habe ich besonders viel Spaß am Wasser. Im Gehege gibt es eine flache Wasserschale, an der ich trinken und sogar ein kleines Bad nehmen kann – das fühlt sich herrlich erfrischend an!
Manche Menschen bauen sogar richtig schöne, große Wasserstellen in das Schildkrötengehege.

Dort kann ich mit meinen Freunden planschen, die Beinchen kühlen oder einfach ein bisschen am Rand sitzen und zuschauen.

Die Erde im Gehege darf auch ruhig ein bisschen feucht sein, denn dann kann ich mich zum Abkühlen eingraben.

In einem flachen Teich mit niedrigem Wasserstand kann man sich herrlich abkühlen

Wenn alles vertrocknet – Schildkröten naschen auch gern getrocknete Wildkräuter

Im Hochsommer kann es passieren, dass die leckeren Wildkräuter im Gehege durch die Hitze vertrocknen.

Aber keine Sorge: Ich als Schildkröte mag auch getrocknete Wildkräuter sehr gerne! Das ist für mich nichts Ungewöhnliches – in meinen natürlichen Lebensräumen, zum Beispiel in Griechenland oder Spanien, fressen Schildkröten sogar viel trockene Wildkräuter. Getrocknete Kräuter sind also ein ganz normaler und gesunder Teil meiner Sommerernährung.

Lebensraum auf Mallorca in einem sehr trockenen Frühjahr

Griechische Landschildkröte auf Mallorca

Wusstest du schon?

Wenn es draußen sehr heiß ist, verbringen Schildkröten die Mittagszeit meist gut versteckt im Schatten oder sogar halb eingegraben in der Erde.

Schildkröten fressen nicht nur frische, sondern auch getrocknete Wildkräuter – das machen sie in ihren Heimatländern im Sommer sogar ständig!

6. Herbstzeit – Wenn das Jahr zu Ende geht

Wenn der Herbst beginnt, verändert sich draußen alles: Die Sonne scheint nicht mehr so kräftig, die Tage werden kürzer und kühler. Die Blätter an den Bäumen färben sich gelb, rot und braun und fallen langsam zu Boden.

Auch im Gehege spüren wir, dass das Jahr zu Ende geht. Die Luft riecht jetzt ganz anders – frisch, feucht und ein bisschen nach Erde.

Wir Schildkröten werden ruhiger

Auch wir Schildkröten merken ganz genau, dass der Sommer vorbei ist. Während wir im Sommer den ganzen Tag im Gehege herumgelaufen sind und viel gefressen haben, werden wir jetzt viel ruhiger.
Wir suchen uns geschützte und warme Plätze, zum Beispiel unter einem Busch, in einer Mulde oder im Frühbeet. Im Herbst fressen wir nicht mehr so viel wie im Sommer.

Unsere Futterportionen werden immer kleiner, und schließlich hören wir sogar ganz auf zu fressen. Das machen wir, damit wir uns langsam auf die Winterstarre vorbereiten können. So können wir gesund durch den Winter kommen.

Herbst im Schildkrötengehege

Im Gehege verändert sich viel

Im Gehege sieht nun alles ganz herbstlich aus: Die Pflanzen wachsen langsamer, viele Blätter werden bunt und fallen ab, das Gras ist morgens oft nass vom Tau. Pilze und Moos tauchen hier und da auf. Besonders toll finde ich, wie sich die Erde jetzt viel weicher und feuchter anfühlt – perfekt, um sich hineinzugraben!

Aber auch wenn wir Schildkröten schon viel schlafen, tauchen wir im Herbst immer mal wieder auf.

Manchmal kommen wir für ein paar Stunden aus unserem Versteck, wandern ein kleines Stück durch das Gehege, schnuppern an den letzten grünen Blättern und suchen uns vielleicht einen neuen Lieblingsplatz unter dem Laub.

So beobachten wir, wie der Herbst voranschreitet, und bereiten uns langsam auf die Winterstarre vor.

Ein ca. 60-jähriges Weibchen genießt die Herbstsonne

Technik im Herbst – Warum sie jetzt so wichtig ist!

In unseren Heimatländern, zum Beispiel im Mittelmeerraum, bleibt es im Herbst oft noch wärmer und trockener als bei uns. In Deutschland aber kann es im Herbst nass und ziemlich kalt sein.

Genau deswegen hilft die Technik im Gehege, wie ein beheiztes Frühbeet oder eine Wärmelampe, uns Schildkröten ganz besonders.

Die Technik sorgt dafür, dass wir nicht gleich in eine zu lange Winterstarre fallen, nur weil es draußen so früh kalt wird. Mit der Wärme aus dem Frühbeet können wir noch ein bisschen aktiv bleiben, durch das Gehege wandern und uns ganz langsam auf die Winterzeit vorbereiten.
Erst wenn die Technik im November ausgeschaltet wird und die Temperaturen weiter sinken, vergraben wir uns richtig tief in Laub und Erde und halten unsere Winterstarre. Das ist für unsere Gesundheit sehr wichtig!

Griechische Landschildkröten im Gehege unterwegs

Ab und zu wird noch ein kleines Pflänzchen gefressen

Auch im Herbst kann es nochmal schön warm werden. Dann suchen die Schildkröten gerne einen schattigen Platz

Der große Kuschelschlaf kann kommen

Irgendwann merke ich, dass es Zeit wird, ganz still zu werden. Ich vergrabe mich tief unter das Laub, suche mir eine gemütliche Mulde und kuschle mich dort fest ein.

Doch die richtige Winterstarre beginnt erst später! Solange es noch nicht richtig kalt ist, ruhe ich zwar schon viel, aber hin und wieder bin ich noch wach. Erst wenn die Temperaturen im Gehege dauerhaft um die 5 Grad bleiben, falle ich in meine richtige Starre und schlafe ganz fest bis zum Frühling.

Wusstest du schon?

Im Herbst fressen Schildkröten immer weniger, bis sie ganz mit dem Fressen aufhören. Auch wenn Schildkröten schon schläfrig sind, kommen sie manchmal noch aus ihrem Versteck und laufen durch das Gehege, bevor sie richtig in die Winterstarre gehen. Für Schildkröten ist es ganz normal, sich auf die Winterstarre vorzubereiten – ihr Körper weiß genau, was zu tun ist!

7. Die Winterstarre – Mein sicherer Schlaf

Vielleicht erinnerst du dich aus Kapitel 4: Schildkröten machen keinen „Winterschlaf" wie der Igel und keine „Winterruhe" wie das Eichhörnchen.

Wir Schildkröten halten eine ganz besondere „Winterstarre". Während dieser Zeit werden wir ganz ruhig, bewegen uns kaum, essen und trinken nichts und lassen unser Herz nur noch ganz langsam schlagen. So kommen wir gesund und munter durch den Winter.

So läuft die Winterstarre ab

Wenn es immer kälter wird, ziehe ich mich tief ins lockere Laub oder die Erde meines Geheges zurück. Dort bleibt es kühl, aber nicht zu kalt – perfekt für meine Winterstarre!

Je nachdem, wo ich lebe, verbringe ich die Starre draußen in einem Frühbeet oder sicher in einer mit Erde gefüllten Box im Kühlschrank.

Ende November ist es schon ganz schön kalt im Freigehege

Im Frühbeet beginnt die Starre, wenn die Temperaturen konstant um die 5 °C liegen. Im Kühlschrank sorgt mein Halter dafür, dass es den ganzen Winter über ähnlich kühl bleibt.

Ganz natürlich ist die Überwinterung im Frühbeet mit Technik: Fällt die Temperatur im Schlafplatz unter 2 bis 3 °C, sorgen Wärmekabel oder -matten dafür, dass es angenehm kühl, aber nicht frostig wird.

So sieht eine Überwinterungsgrube im Gewächshaus aus: Mit Wärmekabel und einer dicken Schicht Eichen-/Buchenlaub

Manchmal wache ich auch im Januar auf, wenn es draußen plötzlich wärmer wird, döse aber einfach weiter, sobald es wieder kälter ist – wie in der freien Natur! Im Kühlschrank starre ich so lange, bis der Mensch mich im Frühjahr wieder weckt.

Winter im Hunsrück - Die Schildkröten starren im Schildkrötenhaus

Wie bereitet man Schildkröten auf die Winterstarre vor?

- **Futter:** Kurz vor der Starre höre ich von allein auf zu fressen. Aber stelle mir immer was zu trinken bereit, sodass ich meinen Durst zu jederzeit löschen kann.

- **Check durch den Menschen:** Mein Mensch sieht mich gründlich durch, manchmal auch beim Tierarzt, damit keine Krankheit meine Winterstarre stört.

- **Gemütliches Schlafquartier:** Im Frühbeet macht mein Mensch ein dickes Nest aus Laub und lockerer Erde, damit ich es schön warm und sicher habe. Im Kühlschrank komme ich in eine gut vorbereitete Box mit Erde und Laub – nicht zu trocken und nicht zu nass!

Kontrolle und Pflege während der Starre

Im Frühbeet

Hier muss mein Mensch nicht viel tun.

- **Temperatur kontrollieren:** Er misst immer wieder die Temperatur. Ganz wichtig: Es darf nicht zu kalt oder zu frostig werden! Wenn das Thermometer unter 2 oder 3 °C anzeigt, sorgt das Wärmekabel oder die Heizmatte für Wärme. Dann kann ich sicher weiterschlafen. Sonst braucht im Frühbeet während der Starre nichts weiter gemacht zu werden.

Winterstarre im Frühbeet

Im Kühlschrank

Hier achtet mein Mensch noch auf ein paar andere Dinge

- **Temperatur kontrollieren:** Auch im Kühlschrank wird immer genau nachgemessen, dass es nicht zu warm und nicht zu kalt ist.

- **Gewicht und Aussehen prüfen:** Mein Mensch nimmt mich manchmal vorsichtig aus der Box, wiegt mich und schaut, wie ich aussehe und rieche. Habe ich stark abgenommen oder rieche komisch, muss man sofort helfen.

- **Laub und Erde leicht feucht halten:** Die Erde und das Laub in meiner Box sollten nie austrocknen, sondern immer leicht feucht sein. Zu nasse Erde mag ich aber gar nicht – da könnte ich krank werden!

- **Frische Luft:** Damit ich während der Starre ausreichend Sauerstoff bekomme, wird ein- bis zweimal pro Woche die Kühlschranktür kurz geöffnet – das bringt frische Luft hinein.

Blick in den Kühlschrank

Wusstest du schon?

- Schildkröten können vier bis fünf Monate ohne Essen und Trinken tief schlafen – das ist unglaublich! Oder?
- Während der Starre schlägt mein Herz manchmal nur viermal pro Minute.
- Einige Schildkrötenarten vergraben sich in der Natur mehr als einen halben Meter tief in die Erde ein, um bei eisigem Frost sicher zu sein.

8. Fester Panzer und starke Knochen – Gesund bleiben

Warum ist der Panzer so wichtig?

Als Schildkröte habe ich ein ganz besonderes Haus bei mir: meinen festen, schweren Panzer! Er schützt mich wie ein Ritterschild vor Gefahren in der Natur, etwa vor Raubtieren oder herunterfallenden Ästen, und auch vor zu starker Sonne oder Kälte.

Eine Breitrandschildkröte auf Sardinien mit einem schön glatt gewachsenen Panzer

Mein Panzer besteht aus vielen hornigen Platten, die zusammen wie ein Mosaik wirken. Unter dieser „Rüstung" liegt ein kräftiges Knochengerüst.

Ist mein Panzer hart, glatt und gewölbt, ist mir klar: Ich bin gesund. Ist er weich, hubbelig oder sehr uneben, stimmt etwas nicht – dann brauche ich Hilfe! Deshalb ist der Panzer das beste Zeichen, wie es mir geht.

Über Wachstum, Pflege und Beobachtung

Damit mein Panzer fest und mein Knochenbau stark bleiben, muss ich richtig wachsen. Dafür brauche ich vor allem:

- **Gesundes Futter:** Besonders viele Wildkräuter, Blumen und Wiesenpflanzen. Sie enthalten viel Calcium, das ich für mein Skelett und meinen Panzer benötige.

- **Kein Obst:** Obst schmeckt zwar süß, ist aber ganz schlecht für meinen Bauch und meinen Panzer! Zu viel Obst kann uns Schildkröten sogar richtig krank machen. Mein Lieblingsfutter sind Löwenzahn, Breitwegerich, Klee, Gänseblümchen und andere Kräuter.

leckere Löwenzahnblüte

Auch ein Blatt der Weigelie schmeckt toll

- **Viel natürliches Sonnenlicht:** Die Sonne hilft meinem Körper, Vitamin D3 zu bilden, damit ich das Calcium aus dem Futter überhaupt richtig nutzen kann. Ich bin das ganze Jahr über am liebsten draußen, denn das Sonnenlicht ist für mich wie Medizin. Das Leben drinnen in der Wohnung ist für uns Europäische Landschildkröten nicht so schön und wir werden oft sehr krank!

- **Frühbeet und Technik im Gehege:** Ein Frühbeet mit Wärmelampe, Wärmekabel oder Heizmatte ist im Gehege ganz besonders wichtig! Damit habe ich schon früh im Jahr und auch bei schlechtem Wetter einen warmen, trockenen Platz. Dort kann ich mich morgens aufwärmen, mich verstecken und bei Kälte gesund bleiben.

Technik im Frühbeet sorgt dafür, dass ich immer genug Wärme und Licht bekomme – so bleibe ich fit und kräftig!

- **Sauberes, sicheres Zuhause:** Mein Gehege sollte immer sauber gehalten werden, mit viel Platz, abwechslungsreichen Pflanzen, Tunneln und Verstecken. So kann ich mich bewegen, sonnen und erholen.

Ein Schildkrötengehege mit ganz viel Platz

Auch Versteckpflanzen und Steine sind wichtig

Eine Bademöglichkeit sollte immer vorhanden sein

Jeden Tag schaut mein Mensch nach mir und beobachtet: Bin ich fit? Habe ich klare, wache Augen? Laufe und klettere ich normal? Ist mein Panzer fest, gewölbt und ohne Verletzung? Dann wissen alle: Es geht mir super!

Anzeichen für Krankheit – und ihre Ursachen

Manchmal geschieht es: Wir Schildkröten zeigen Warnzeichen, dass etwas nicht stimmt. Zu solchen Dingen gehören:

- Der Panzer wird weich, bekommt Dellen, Höcker oder Risse
- Die Augen sind verklebt
- Die Nase läuft
- Ich röchle, niese oder atme schwer
- Ich schlafe viel und fresse kaum noch

Schildkröten sind sehr robuste Tiere, können aber auch mal krank werden

Meistens entstehen diese Probleme durch Fehler bei der Haltung – wie zu feuchtes, kaltes oder zugiges Gehege (ohne Frühbeet), zu wenig Sonne (Haltung in der Wohnung in einem Terrarium), falsches Futter (vor allem Obst oder Kopfsalat) oder zu wenig Platz.

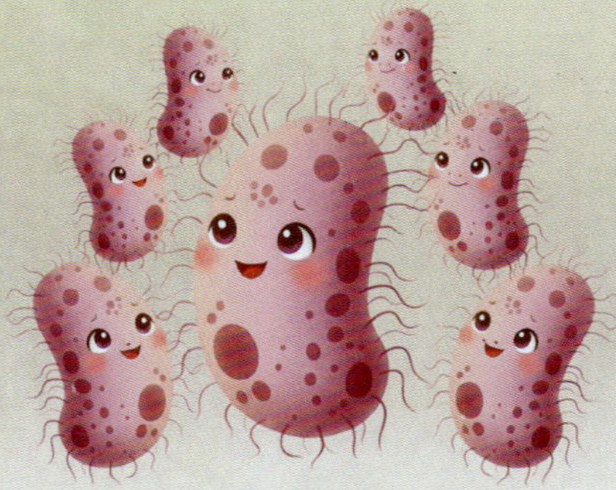

Bakterien und Viren sind winzig klein, aber leider nicht immer so freundlich!

Es gibt aber auch Krankheiten, die von Viren oder Bakterien kommen, zum Beispiel die schlimmen Mykoplasmen, die die Atemwege befallen oder Viren, die hochansteckend sind.

Besonders wenn mehrere Schildkröten zusammenleben, ist Sauberkeit und Kontrolle ganz, ganz wichtig!

Wenn mein Mensch solche Anzeichen sieht, muss er immer schnell mit mir zum Tierarzt gehen. Ganz oft kann einem mit guter Pflege und rechtzeitiger Hilfe geholfen werden.

Deshalb ist es so wichtig, mich aufmerksam zu beobachten – damit aus kleinen Problemen keine große Krankheit wird!

Wusstest du schon?

- Mein Panzer ist so stark, dass ich mich bei Gefahr darunter ganz zusammenziehen kann – fast wie ein Superheld mit Schutzschild!

- Wenn wir Schildkröten uns verletzen, kann unser Panzer kleine Kratzer mit der Zeit sogar wieder „flicken" – das dauert zwar, klappt aber manchmal richtig gut!

- Mein ganzer Körper wächst ein Leben lang – und so macht es auch mein Panzer!

- Wenn wir in einem artgerechten Gehege, mit Frühbeet, Technik, viel Licht und gutem Futter gehalten werden, können wir Schildkröten viele Jahrzehnte leben. Rekordhalter sind weit über 100 Jahre!

9. Die 15 wichtigsten Kinderfragen – und Lenjas Antworten

Vielleicht hast du beim Beobachten, Versorgen oder einfach beim Spielen im Garten ganz viele Fragen über mich und meine Schildkrötenwelt bekommen. Viele Kinder denken sich die gleichen Sachen – und hier findest du die allerbesten Antworten.

Bist du bereit zum Entdecken?

1. Können Schildkröten hören oder sehen?

Ja, wir Schildkröten können ganz gut sehen!
Wir erkennen sogar Farben und bemerken, wenn du bunte Kleidung trägst oder Pflanzen blühen.

Unsere Ohren sind klein und liegen unter der Haut, deshalb hören wir nicht wie du – aber wir spüren ganz feine Vibrationen, zum Beispiel wenn du durch das Gehege läufst oder ein Tier in der Nähe ist.

2. Wie fühlt sich ein Schildkrötenpanzer an?

Mein Panzer ist außen ziemlich hart, aber auch ein bisschen glatt und manchmal leicht warm von der Sonne. Wenn du eine Schildkröte ganz vorsichtig und nur mit Erlaubnis eines Erwachsenen streichelst, fühlst du die einzelnen Platten.

Eine junge Griechische Landschildkröte auf Mallorca mit einem sehr schönen Panzer

Aber: Es ist besser, nur zu schauen und nicht anzufassen, denn der Panzer ist sehr empfindlich und Schildkröten mögen kein ständiges Streicheln.

3. Können Schildkröten ihren Panzer ablegen?

Nein, niemals!
Unser Panzer wächst mit uns mit und ist ganz fest mit unserem Körper verbunden – also wie ein Haus, das immer mitreist.

4. Was fressen Schildkröten am liebsten?

Am liebsten knabbere ich an frischen Wildkräutern wie Löwenzahn, Klee, Wegerich, Gänseblümchen oder Malve. Auch gesunde Blüten sind toll.

Obst vertrage ich nicht gut, und Salat ist eigentlich langweilig und macht mich nicht stark.

Im Frühling und Sommer findest du im Gehege die leckersten Sachen.

5. Warum dürfen Schildkröten kein Obst fressen?

Obst hat viel Zucker. Das klingt lecker, macht aber meinen Bauch krank und meinen Panzer weich, wenn ich zu viel davon bekomme. Deshalb lasse ich Obst lieber ganz weg – das ist viel gesünder.

6. Dürfen Schildkröten baden?

Schildkröten in freier Natur baden eigentlich nie wie eine Ente! Aber manchmal sitzen wir zum Trinken oder Abkühlen in einer flachen, sauberen Wasserschale.

Baden solltest du deine Schildkröte nur selten und dann nur mit lauwarmem Wasser und nie unbeaufsichtigt!

7. Mögen Schildkröten Gesellschaft?

Schildkröten sind oft Einzelgänger und brauchen manchmal ihre Ruhe. Wir mögen es nicht, wenn wir mit anderen Tieren, wie zum Beispiel Hasen zusammen in einem Gehege gehalten werden.

In einem großen Gehege mit vielen Verstecken fühlen sich alle Schildkröten wohl

Zusammen mit anderen Schildkröten gibt es schon mal Streit – aber wenn wir genug Platz, Verstecke und Futter haben, fühlt sich jeder wohl.

8. Wie alt werden Schildkröten?

Schildkröten können richtig alt werden! Manche von uns leben 50, 70 oder sogar 100 Jahre. Es gibt Geschichten von Schildkröten, die noch älter geworden sind. Deshalb musst du wissen: Vielleicht ist deine Schildkröte sogar noch da, wenn du längst erwachsen bist!

9. Können Schildkröten schnell rennen?

Nein, wir sind eher gemütlich unterwegs. Zum Glück müssen wir nicht weglaufen! Wenn wir Angst haben, ziehen wir uns blitzschnell in den Panzer zurück. Und im Gehege genießen wir es, ganz langsam durch das Gras zu stapfen und zu futtern.

10. Warum graben sich Schildkröten ein?

Wir graben uns gerne in die Erde ein. Das machen wir, wenn wir uns verstecken wollen, wenn es sehr heiß ist und wir Abkühlung brauchen. Aber auch zu Beginn der Winterstarre. So fühlen wir uns sicher und wohl. Dafür sollte der Boden im Gehege schön locker sein, und es sollten immer Laub und Verstecke da sein.

Eine Griechische Landschildkröte beim Ausgraben aus der Wintergrube im Schildkrötenhaus. Dort hat sie ihre 4-monatige Winterstarre gehalten

11. Können Schildkröten Menschen erkennen?

Ja, tatsächlich!
Wenn du mich regelmäßig fütterst, weiß ich ganz genau, wer du bist. Ich erkenne dich an deiner Stimme, am Geruch, an deiner Bewegung und an deinem Aussehen. Manche Schildkröten kommen sogar neugierig angelaufen, wenn sie ihre Lieblingsmenschen sehen.

12. Warum ist ein Frühbeet mit Technik im Gehege so wichtig?

Das Frühbeet ist mein ganz persönliches „Wärmehaus". Mit Technik wie Wärmekabel/Wärmematte und Wärmelampe ist es darin im Frühling und Herbst immer schön warm und trocken, auch wenn es draußen regnet oder kalt ist.

So kann ich mich nach der Winterstarre aufwärmen, wachsen, fressen und gesund bleiben.

13. Können Schildkröten krank werden?

Ja, klar.
Manchmal bekommen wir Bauchschmerzen, Atemwegsprobleme, einen zu weichen Panzer oder werden von Viren oder Bakterien krank. Deshalb müssen meine Menschen immer auf mich achten: Sehe ich anders aus? Bewege ich mich seltsam? Dann schnell zu einem schildkrötenerfahrenen Tierarzt – je früher, desto besser!

14. Wie sieht das perfekte Schildkrötengehege aus?

Ein gutes Gehege ist draußen, hat viel Sonne, lockeren Boden, viele verschiedene Pflanzen, Gras, Blumen und Kräuter, Steine, Hügel und sichere Verstecke.

Ein Frühbeet mit Technik und Wasserstelle gehört auch dazu. Ich möchte nicht in einem einem Sandkasten oder Glasterrarium leben – draußen ist es am schönsten und gesündesten!

Ein Frühbeet mit Technik ist wichtig - besonders in den Übergangszeiten

Schattige Plätze werden im Sommer gerne besucht

Für Abkühlung im Sommer sorgt hier ein flacher Teich

Versteckplätze, wie diese Wurzel, sorgen für Schutz

15. Was muss ich beim Hochheben oder Tragen einer Schildkröte beachten?

Am besten heben Kinder Schildkröten gar nicht hoch, sondern beobachten sie nur!

Wenn du mich mal hochheben musst, lass dir immer von einem Erwachsenen helfen. Ich kann nämlich leicht erschrecken und aus deiner Hand fallen. Dabei kann ich mir sehr wehtun und mich schwer verletzen. Deshalb: Nimm mich nur hoch, wenn es wirklich sein muss, und sei dabei ganz vorsichtig!

Tipps für Eltern und Geschwister

- **Geduld und Rücksicht:** Schildkröten sind keine Spielzeuge! Sie brauchen Ruhe, Geduld und Zeit zum Beobachten – kein Herumtragen, keine schnellen Bewegungen.

- **Sicheres Zuhause:** Das Gehege sollte immer ausbruchsicher, sonnig und abwechslungsreich gestaltet und regelmäßig kontrolliert und gepflegt werden. Frühbeet und technische Hilfen wie Wärmelampen sind enorm wichtig.
- **Keine Spontankäufe:** Bevor eine Schildkröte bei euch einzieht, gemeinsam Bücher und Webseiten zur Haltung und Pflege lesen. Die ganze Familie muss sich darauf einstellen, dass eine Schildkröte viele Jahrzehnte lang zur Familie gehören kann!
- **Respekt für Grenzen:** Schildkröten signalisieren, wenn sie genug haben – dann lassen sie sich nicht hochnehmen oder mit Futter locken. Das sollten Kinder, große Geschwister und Erwachsene beachten.

- **Aufmerksamkeit für die Tiere:** Mehrmals am Tag kurz in das Gehege sehen, füttern, frisches Wasser bereitstellen, das Wetter und das Verhalten der Schildkröte beobachten – so bleibt sie gesund.
- **Bei Unsicherheit: Hilfe holen:** Kleinste Auffälligkeiten (Augen, Nasenausfluss, Appetitlosigkeit, komisches Verhalten...) frühzeitig beim schildkrötenkundigen Tierarzt abklären lassen.

- **Miteinander lernen:** Gemeinsam die Schildkröte beobachten, Pflanzen bestimmen, das Gehege umgraben oder die Wintergrube mit Laub befüllen – das macht Spaß und fördert Wissen und Zusammenhalt!

Ob du Schildkrötenforscher, Pflanzenentdecker, kleiner Helfer im Gehege oder einfach ihr treuer Freund bist:

Mit Geduld, Respekt und viel Neugier erlebst du zusammen mit deiner Schildkröte die spannendsten Abenteuer – jeden Tag aufs Neue!

10. Schildkröten schützen – Gemeinsam für die Zukunft

Ich bin zwar noch jung, aber unsere Art gibt es schon seit Millionen von Jahren auf der Erde.
Heute bin ich jedoch in Gefahr, und viele meiner Freunde und Verwandten, egal ob sie im Meer oder an Land leben, brauchen dringend unsere Hilfe, denn sie sind vom Aussterben bedroht. Gemeinsam können wir dafür sorgen, dass meine Art noch lange auf diesem Planeten lebt.

Warum sind Schildkröten in Not?

Stell dir vor, du hättest kein sicheres Zuhause mehr oder würdest ständig in Gefahr schweben. Genauso geht es vielen meiner Artgenossen:

- **Müll im Meer oder auf dem Land:** Manche meiner Verwandten im Meer fressen Plastiktüten, weil sie diese mit leckeren Quallen verwechseln. Der Müll macht sie krank, und oft verfangen sie sich auch in alten Fischernetzen, die im Meer treiben. Doch auch meine engeren Verwandten an Land haben mit Müll zu kämpfen

Eine Griechische Landschildkröte in ihrem Lebensraum in Griechenland - leider mit Plastikmüll umgeben

- **Weniger Platz:** Wo wir unsere Eier legen, werden immer öfter Hotels und Häuser gebaut. An den Stränden, die voller Licht und Lärm sind, finden sich die Schildkrötenbabys nicht mehr zum Meer zurück. Auch unser Gehege oder unser Zuhause in der Natur für Landschildkröten wird manchmal zu klein oder verschwindet ganz, weil immer mehr Straßen oder Felder gebaut werden.

- **Gefahr durch Jäger:** Leider werden einige von uns immer noch gefangen, weil Menschen unsere Eier essen wollen oder aus unserem schönen Panzer Schmuck und andere Sachen machen. Das ist sehr traurig und strengstens verboten!

- **Wetterlaunen:** Wenn es zu warm wird, schlüpfen aus unseren Eiern fast nur noch Weibchen. Dadurch gibt es weniger Männchen, und das ist schlecht für alle Schildkröten.

Wie kann jeder helfen?

Auch du kannst eine Menge tun, um uns Schildkröten zu beschützen. Jede noch so kleine Hilfe zählt!

- **Plastik vermeiden:** Benutze am besten immer wiederverwendbare Taschen, Flaschen und Strohhalme. Wenn du Plastikmüll siehst, hebe ihn auf und wirf ihn in den Mülleimer – aber Vorsicht: Wenn das Plastik scharfkantig ist, bitte nur mit Handschuhen!

- **Strände sauber halten:** Mach mit bei Strandsäuberungsaktionen. So hilfst du, unseren Lebensraum sauber zu halten. Wenn du im Urlaub bist, störe bitte keine Schildkröten, die ihre Eier legen.

- **Weniger Licht am Strand:** Erzähle deinen Eltern, dass Lichter am Strand für Meeresschildkrötenbabys sehr gefährlich sind. Sie können sich dadurch verirren.

- **Keine Wildtiere kaufen:** Schildkröten, die in der Natur gefangen wurden, haben nichts in einem Geschäft zu suchen. Wenn deine Familie eine Schildkröte als Haustier möchte, achte darauf, dass sie aus einer seriösen und artgerechten Zucht stammt.

- **Artgerechte Haltung:** Hast du eine Schildkröte zu Hause, sorge dafür, dass sie ein großes, sicheres Gehege mit viel Platz hat. Mit gesundem Futter und viel Sonne hilfst du ihr, gesund und stark zu bleiben.

- **Wissen teilen:** Sprich mit deinen Freunden, deiner Familie und den Lehrern über die Bedrohung von Schildkröten. Wenn mehr Menschen Bescheid wissen, können auch mehr helfen.

Gemeinsam können wir als echte Schildkröten-Freunde dafür sorgen, dass es uns auch in Zukunft noch gut geht und wir nicht von der Erde verschwinden. Jede helfende Hand ist ein großer Gewinn für alle Schildkröten!

Lebensraum für Breitrandschildkröten auf Sardinien

Helfen, mitmachen und schlaue Schildkröten-Freunde werden

Du weißt jetzt, wie du im Alltag Gutes tun kannst. Aber es gibt auch tolle Organisationen, Vereine und Projekte, die sich ganz besonders für uns Schildkröten einsetzen. Mit ihnen zusammen können wir noch viel mehr erreichen! Einige habe ich hier mal aufgeführt

Wer hilft uns Schildkröten auf der ganzen Welt?

- **WWF (World Wide Fund For Nature):** Der WWF schützt nicht nur den Pandabären, sondern auch viele meiner Meeresschildkröten-Freunde. Sie helfen zum Beispiel, unsere Nistplätze zu sichern oder sorgen dafür, dass Fischer uns nicht versehentlich fangen. Wenn du den WWF unterstützt, hilfst du uns, sicher zu leben.

- **Turtle Foundation:** Diese Stiftung setzt sich gezielt für Meeresschildkröten ein. Sie arbeiten auf der ganzen Welt mit Menschen vor Ort zusammen, zum Beispiel auf den Kapverden, um Wilderei und die Zerstörung unserer Lebensräume zu verhindern.

- **Sea Shepherd:** Diese Organisation schützt Meerestiere vor illegaler Jagd. Sie passen auch auf Meeresschildkröten-Nistplätze auf und verhindern, dass unsere Eier gestohlen werden.

- **Turtle Survival Alliance (TSA):** Die TSA ist eine internationale Organisation, die sich auf den Erhalt der am stärksten bedrohten Schildkrötenarten, einschließlich vieler Landschildkröten, konzentriert. Sie betreibt Schutzprogramme, Aufzuchtstationen und Wiederansiedlungsprojekte in verschiedenen Ländern.

Wer hilft uns Schildkröten in Deutschland?

Eine Griechische Landschildkröte in einem naturnahen Schildkrötengehege im Hunsrück

- **NABU (Naturschutzbund Deutschland):** Der NABU setzt sich für die seltene Europäische Sumpfschildkröte ein, die es auch in Deutschland gibt. Sie haben Schutzprojekte gestartet, um diese besondere Art zu retten. Im NABU-Artenschutzzentrum Leiferde werden zum Beispiel junge Sumpfschildkröten aufgezogen, um sie später auszuwildern.

- **Deutsche Gesellschaft für Herpetologie und Terrarienkunde (DGHT):** Diese Leute kennen sich richtig gut mit Schildkröten, Fröschen und Eidechsen aus! Sie gehen in die Natur und schauen, wo diese Tiere wohnen. Dann überlegen sie: Was brauchen die Tiere, damit es ihnen gut geht? Und sie helfen uns dabei, die Tiere zu schützen.

- **Schildkröten-Auffangstationen:** Es gibt in Deutschland Auffangstationen, wie die Landschildkröten-Auffangstation Kitzingen e.V., die sich um verlorene oder ausgesetzte Schildkröten kümmern. Manchmal kann man dort helfen oder sich erkundigen, wie man diese wichtigen Einrichtungen unterstützen kann.

Wie kannst du mithelfen?

Manchmal sind die Probleme zu groß, um sie allein zu lösen. Aber keine Sorge, es gibt viele tolle Leute und Gruppen, die sich ganz für uns einsetzen! Stell dir vor, sie sind die Superhelden der Schildkrötenwelt. Du kannst ihnen helfen, damit sie noch mehr Gutes tun können.

- **Material sammeln**: Wenn du möchtest, kannst du die Vereine beim Sammeln von Dingen unterstützen, die sie für die Pflege der Schildkröten oder ihre Projekte brauchen. Frag einfach mal nach, ob sie Futter, Bastelmaterialien oder ähnliches benötigen.

- **Aktionen starten:** Du kannst mit deinen Freunden oder deiner Familie eigene Aktionen starten, um Geld für die Schildkröten-Freunde zu sammeln. Zum Beispiel mit einem Flohmarkt oder einem Kuchenverkauf. Das gesammelte Geld hilft den Organisationen, wichtige Dinge zu kaufen, um uns Schildkröten zu beschützen.

- **Wissen sammeln:** Viele dieser Vereine und Stiftungen haben tolle Internetseiten mit spannenden Infos. Lies doch mal nach und werde zu einem echten Schildkröten-Experten!

- **Paten werden:** Manche Organisationen bieten auch Schildkröten-Patenschaften an. Damit hilfst du einem einzelnen Tier und bekommst eine schöne Urkunde. Manchmal sind diese Patenschaften symbolisch und du kannst den Verein auch mit kreativen Ideen oder Aktionen unterstützen.

- **Mitmachen:** Erzähle deinen Freunden und deiner Familie von diesen Organisationen und was sie tun. Je mehr Menschen Bescheid wissen, desto besser können wir alle Schildkröten auf der Welt beschützen!

Eine Maurische Landschildkröte auf Sardinien

Hallo Schildkrötenfreund!

Mit diesem kleinen Buch hast du mich und meine Freunde auf eine spannende Reise begleitet. Du hast ganz viel darüber erfahren, wie man Europäischen Landschildkröten ein gesundes und glückliches Leben schenkt.

Jetzt weißt du, wie wichtig ein fester Panzer, das richtige Futter und ein gemütliches Zuhause für uns sind und wie wir gut durch die Winterzeit kommen. Du hast gelernt, dass auch du uns helfen kannst, unsere Zukunft zu schützen.

Ich bedanke mich ganz, ganz herzlich, dass du so gut aufgepasst und mitgelesen hast! Du bist ein wahrer Schildkröten-Held und kannst jetzt dein neues Wissen an deine Freunde weitergeben. Ich bin mir ganz sicher, wir sehen uns bald wieder, wenn du deine eigenen Schildkröten-Abenteuer erlebst!